BIBLIOTHEQUE MORALE

DE

LA JEUNESSE

—

7º SÉRIE PETIT IN-12

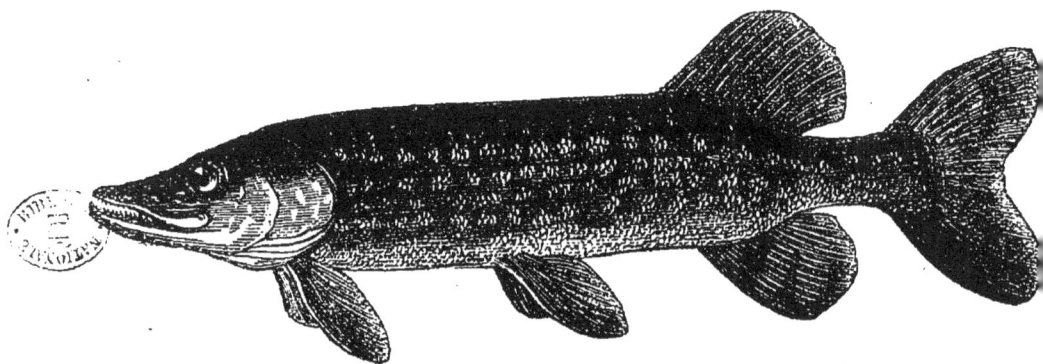

LE BROCHET.

LA PÊCHE

EN

EAU DOUCE

Par E. CAMPAGNE

ROUEN

MÉGARD ET Cᵉ, LIBRAIRES-ÉDITEURS

1882

Propriété des Éditeurs,

LA PÊCHE

EN

EAU DOUCE.

—☙❈☙—

I.

GRANDS POISSONS DES FLEUVES.

Le plus grand avantage que l'homme puisse tirer des poissons, c'est sans contredit la nourriture abondante qu'il en retire.

C'est la pêche qui a créé le premier navigateur et ouvert aux nations les portes de l'Océan. C'est sur le modèle du poisson

qu'on a construit les meilleurs bâtiments,
c'est l'habitude de la pêche qui a enhardi
les matelots, et de misérables pêcheurs
sont souvent devenus des héros.

Mais vous qui allez paisiblement pêcher
en eau douce, vous n'aurez pas tant d'am-
bition. Seulement n'oubliez pas que, chaque
année, la Providence nous envoie, avec
les vents et les flots, des nations entières
de poissons qui viennent trouver les
hommes pour les faire participer au grand
repas de la nature.

Pour l'habitant d'un petit village, quel
étonnement de voir ces vieux peuples de
l'onde remonter les fleuves et lui apporter
des nourritures préparées au fond des
abîmes ! Au coin de son foyer, le laboureur
mange l'animal qui vivait parmi les baleines
du Nord ! C'est ainsi qu'éclatent les soins
de cette Providence éternelle par laquelle
tout est gouverné dans l'univers.

LE SAUMON.

Il vit dans les mers du nord de l'Europe, de l'Asie et de l'Amérique, et on le prend en grande quantité dans les rivières qu'il remonte pour y déposer ses œufs.

C'est d'insectes, de vers et de petits poissons que vivent les saumons ; ils parviennent à une grosseur fort considérable ; ceux de quatre pieds de long ne sont pas rares, et on en cite de six pieds. Le poids de ceux qu'on met dans le commerce est de douze à quinze livres.

En France, le saumon entre dans les rivières au commencement de septembre ; et dans le nord de l'Europe, vers le mois d'avril. Il aime les eaux qui ont un fond de sable et de cailloux, et qui sont rapides; voilà pourquoi il affectionne certains fleuves et ne se rencontre presque jamais dans d'autres. Il surabonde dans la Loire, où il fait l'objet d'une pêche importante, et on est quelquefois plusieurs années sans en prendre un seul dans la Seine, qui en est si voisine.

C'est presque toujours par un vent fort et par une haute marée que les saumons entrent dans l'embouchure des fleuves.

Il faut observer que les saumons sont toujours déterminés par la nature à rentrer dans les fleuves où ils ont pris naissance, et ce n'est que par des circonstances extraordinaires qu'ils se décident à entrer dans un autre. Ce fait est prouvé par l'expérience de Deslandes, qui, ayant acheté douze saumons aux pêcheurs de Châteaulin, leur mit un anneau de cuivre à la queue et leur rendit la liberté. Les années suivantes onze de ces saumons furent repris.

Les saumons marchent en triangle comme les grues, et les plus petits ferment

la marche ; de sorte que, lorsque les pêcheurs prennent ces derniers, ils n'ont plus
à espérer une pêche avantageuse. Ces
troupes sont quelquefois si nombreuses,
qu'en réunissant leurs forces, elles déchirent les filets et s'échappent.

Les glaces, les bois et tout ce qui flotte
sur l'eau les effraient et les empêchent de
continuer leur route ; mais ils aiment les
rivières qui sont garnies d'arbres, dont
l'ombre leur est agréable.

En général, il est avantageux pour les
pêcheurs que leur rivière ait les eaux
troubles au moment de l'entrée des saumons.

Quand ce poisson veut se reposer, il
choisit une grosse pierre, contre laquelle il
appuie sa queue en présentant la tête au
courant ; et comme ces pierres peuvent être
souvent remarquées des pêcheurs dans les
rivières peu profondes, on sait profiter de

cette habitude pour les prendre plus sûrement.

On a compté 27,850 œufs dans une femelle de vingt livres; mais les inondations et les autres poissons qui s'en nourrissent, réduisent ce nombre à bien peu. Lorsque les petits ont acquis la longueur du doigt, on les appelle *digitales*. Ils restent la première année dans l'eau douce, et ce n'est que lorsqu'ils ont acquis cinq ou six pouces qu'ils gagnent la mer, pour ne plus revenir qu'à l'âge de deux ou trois ans déposer eux-mêmes leurs œufs pour perpétuer leur espèce.

On pêche de grandes quantités de ces petits saumons dans le Rhin et la Loire, avec des filets tendus dans une direction contraire de l'autre pêche des grands saumons.

Non-seulement on prend le saumon avec des hameçons et des filets, mais encore avec des engins placés à demeure, où il entre facilement, mais dont il ne peut plus sortir.

Dans la plupart des rivières, on se contente de tendre des nasses ou de placer des cages de bois qui en font l'office; mais avant la Révolution on barrait les rivières dans toute leur largeur, et on arrêtait ainsi presque tous les poissons.

La quantité de saumons que l'on prend est, dans un grand nombre d'endroits, beaucoup plus considérable qu'il ne faut pour la consommation journalière; alors on les sale, on les fume ou on les marine, pour pouvoir les conserver et les envoyer au loin.

La chair du saumon est rougeâtre, épaisse, tendre, lamelleuse, d'un goût excellent. Cependant elle n'est pas également bonne dans tous les pays ni dans toutes les saisons. Les eaux et d'autres causes influent beaucoup sur sa qualité. Généralement c'est au printemps, un peu avant le frai, qu'elle jouit de toute la perfection de sa saveur.

Le morceau le plus estimé du saumon est la hure et ensuite le ventre.

L'ALOSE.

Ce poisson, qu'on trouve dans les mers d'Europe et qui remonte les fleuves pendant l'été, se sert sur les tables les plus délicates, quoique sa chair soit tellement remplie d'arêtes, qu'elle en devient pénible à manger. On le pêche dans l'eau douce et dans l'eau salée.

L'alose parvient à la longueur de trois pieds ; mais elle est si mince, qu'elle ne pèse pas plus de trois à quatre livres. Elle a beaucoup de ressemblance avec le hareng. Les pêcheurs de la Méditerranée sont per-

suadés qu'elle aime la musique; c'est pourquoi ils se font accompagner d'instruments
lorsqu'ils vont à sa recherche. Ce pré-
jugé en sauve sans doute beaucoup de leurs
filets, car il est probable qu'elle fuit le
bruit, comme le saumon.

Elle se nourrit de vers, d'insectes, et
des petites espèces de poissons. Pendant sa
jeunesse elle est exposée aux brochets et
aux perches; mais lorsqu'elle est parvenue
à une certaine grandeur, elle n'a presque
plus à craindre que l'homme.

On pêche les aloses dans presque toutes
les grandes rivières de l'Europe, de l'Asie
et de l'Afrique septentrionale, au moyen
de filets et de nasses.

Il y a presque partout, dans la saison, à
l'embouchure des grandes rivières, des
parcs, des étangs où on les force de se
rendre à leur entrée dans l'eau douce, et
vers leur source, des traîneaux perma-

nents, uniquement destinés à les arrêter.

La Loire est la rivière de France où l'on en voit le plus. On emploie à leur pêche des bateaux-pointus des deux bouts.

Les pêcheurs mettent leurs filets à l'eau le soir, et se laissent dériver jusqu'au matin. La saison la plus favorable est depuis la fin de mars jusqu'à la fin de mai.

On en prend beaucoup dans la Seine, et elles sont beaucoup plus estimées que celles qui viennent de la Loire.

Comme le saumon, l'alose fait toujours effort pour vaincre les obstacles qu'on oppose à l'instinct qui la porte vers la source des rivières; c'est pourquoi on en prend beaucoup au bas de toutes les digues qui les barrent, telles que le moulin qui est sur l'Hérault au-dessus de la ville d'Agde, et la première écluse du canal du Midi du côté de Béziers.

Les aloses suivent volontiers les bateaux

de sel qui remontent les rivières, et on en
prend très-souvent, dans Paris même,
autour de ceux qui en sont chargés.

L'ESTURGEON.

C'est un poisson célèbre, à raison de sa
grosseur, de la bonté de sa chair et de
l'utilité commerciale de quelques-unes de
ses parties. On peut l'appeler énorme,
puisqu'il atteint jusqu'à 25 pieds et
que ceux de 12 à 15 pieds ne sont pas
rares.

Il fréquente surtout le Volga, le Tanaïs,
le Danube, le Pô, la Garonne, la Loire, le
Rhin, l'Elbe et l'Oder. On ignore la cause
de cette préférence ; mais on a remarqué
que ces rivières sont aussi celles où abon-
dent les saumons, dont il se nourrit.

La chair des esturgeons est très-délicate,
et comparable pour la consistance et le

2

goût à celle du veau. Les Romains la payaient des prix exorbitants à l'époque où, gorgés des richesses du monde et avilis par le despotisme, ils mettaient toute leur gloire dans le luxe de leur table. Aujourd'hui, on est moins disposé à faire d'aussi grands sacrifices à la gourmandise ; mais on n'en savoure pas moins la chair des esturgeons.

Ce poisson est peu vif dans ses mouvements, et ne se débat point quand il est entortillé dans les filets des pêcheurs. Cependant il faut bien prendre garde à sa queue lorsqu'on le sort de l'eau, car elle est capable de tuer un homme d'un seul coup.

La pêche au filet usitée dans les environs d'Astrakan, pour prendre le *grand esturgeon*, mérite d'être rapportée, à cause de la solennité avec laquelle elle se fait. Il y a un directeur et des inspecteurs de pêche, qui jouissent d'une grande autorité.

Lorsque la rigueur de la saison annonce l'arrivée des grands esturgeons, qui ont l'habitude de se tenir dans les trous les plus profonds du fleuve, on envoie à tous les inspecteurs l'ordre de défendre toute espèce de pêche dans les endroits connus pour être le refuge des esturgeons, et on y place des sentinelles.

Au jour fixé pour la pêche, on avertit tous les pêcheurs de se trouver à une certaine heure avec tous leurs filets, et on les divise en plusieurs bandes, chargées chacune de l'exploitation d'une fosse. On fait le moins de bruit possible ; un coup de fusil donne le signal de jeter les filets ; et dès que cette opération, qui doit être instantanée sur plus de trois cents bateaux, est terminée, de grands cris succèdent au silence. Les poissons effrayés cherchent à se sauver, mais ils sont entourés de toutes parts, et ils sont pris dans une autre espèce de filet qu'on place sur leur passage.

Cette pêche dure ordinairement trois heures et procure une grande quantité de poissons.

C'est avec les œufs de l'esturgeon qu'on fabrique *le caviar*, fort recherché dans la Russie, la Turquie, une partie de l'Allemagne et de l'Italie.

L'ANGUILLE.

Ce poisson, qu'on appelle aussi *serpent* d'eau, à raison de sa forme cylindrique, semblable à celle des couleuvres, varie assez fréquemment dans ses couleurs. Dans les eaux limoneuses, l'anguille est d'un brun noir en dessus, jaunâtre en dessous. Dans les eaux limpides, elle est d'un vert varié, rayée de brun en dessus et d'un blanc argenté en dessous.

Des expériences rapportées par Lacépède constatent que les anguilles n'augmentent que d'environ huit pouces en longueur pendant dix ans ; mais si leur croissance est lente, elle a lieu pendant longtemps ; car elles peuvent vivre un siècle, quoique quelques auteurs aient voulu limiter leur existence à moins de vingt ans ; aussi en voit-on quelquefois de dix à douze pieds de long, et de la grosseur de la cuisse, dans les lacs où l'on pêche difficilement, et où elles trouvent une nourriture constamment abondante.

L'agilité, la souplesse, la grandeur et la force font le partage de l'anguille ; aussi elle nage avec une étonnante rapidité. Elle sort quelquefois de l'eau pendant la nuit, pour prendre des vers et des insectes dans les prés ou de petits pois nouvellement semés.

Pendant le jour, les anguilles se tiennent presque toujours enfoncées dans la vase ou dans des trous, d'où elles sortent à reculons.

Lorsqu'il fait très-chaud, et que l'eau des étangs commence à se corrompre, les anguilles quittent le fond et viennent à la surface respirer un air pur. Alors elles se cachent sous les plantes flottantes ou entre celles qui bordent le rivage.

On a vu des anguilles vivre des mois et même des années entières dans la vase des étangs desséchés, ou dans le trou des rivières dont on a détourné le cours. Cette faculté fait qu'il n'est presque jamais nécessaire de repeupler les étangs qu'on a pêchés. Il se conserve toujours assez d'anguilles cachées pour les repeupler, lorsque l'eau leur est rendue.

Les anguilles vivent de petits poissons, de vers, d'insectes, de débris de cadavres, et même de substances végétales. Elles sont très-voraces, et il ne faut pas en laisser trop multiplier dans les étangs, si on veut y entretenir l'abondance des autres poissons.

Les anguilles, malgré leur souplesse et leur vivacité, n'échappent pas aux loutres et à plusieurs oiseaux de proie qui les pêchent avec habileté.

Mais de tous les ennemis de l'anguille, l'homme est le plus à craindre. Il leur fait continuellement la guerre, quoique des peuples entiers les aient eues en horreur. Elle était proscrite de la nourriture des Juifs par la loi de Moïse.

La chair de l'anguille est indigeste, mais sa saveur agréable la fait rechercher sur les tables les plus délicates.

On pêche l'anguille d'un grand nombre de manières. Dans les étangs et les rivières qu'on peut mettre à sec, on les prend en piétinant dans la vase, ou en fourrant le bras dans les trous du rivage. Lorsque le trou est trop profond, on les fait sortir en les enfumant comme le renard.

Dans les lacs et les étangs qu'on ne peut mettre entièrement à sec, surtout dans ceux où entrent des anguilles voyageuses, on barre les eaux et on laisse quelques ouvertures, qu'on garnit d'une nasse. On en prend aussi beaucoup de cette manière aux vannes des moulins, des forges et autres établissements semblables.

En général, la pêche à la nasse est une de celles qui sont le plus employées en France pour se rendre maître des anguilles dans les rivières. On met souvent au fond de cet engin des tripes de volailles ou des morceaux de viande gâtée, qui les attirent; ou bien on barre la rivière, et on ne laisse que quelques passages qu'on garnit de nasses.

Mais la plus belle pêche est celle à la *ligne*

dormante, qui plaît beaucoup aux écoliers en vacances. On attache le soir une certaine quantité d'hameçons qu'on garnit d'ablettes, de petites lamproies, ou de gros vers de terre, à une longue corde que l'on fixe au bord de la rivière dans quelque endroit caché. Le lendemain matin, on trouve de grosses ou de petites anguilles attachées à l'hameçon, qui doit être solide.

Il est encore une autre manière de les prendre qui est très-fructueuse, mais qui ne peut pas s'exécuter partout, c'est celle *à la fouane*. Pour cela, les pêcheurs, pourvus de flambeaux, vont sur les bords des marais, ou dans un bateau sur les marais même, et ils enfourchent les anguilles avec leur instrument, qui est une espèce de fourchette. On sent qu'il ne faut pas pour cela que l'eau soit très-profonde, et qu'elle doit être claire.

Au reste, les anguilles, pendant la nuit, viennent presque toujours sur les bords où les aliments qu'elles recherchent sont les plus abondants, et il est peu d'eau dormante où l'on ne puisse en harponner ainsi quelques-unes pendant les nuits de l'été. On les prend aussi de cette manière en hiver, sous la glace.

Mais c'est avec les grands filets, appelés *seines*, qu'on en pêche pendant la nuit des quantités considérables. On en a pris dans la Garonne jusqu'à soixante mille dans un jour.

LA LAMPROIE.

Elle a la forme de l'anguille, moins la bouche, dont l'ouverture est susceptible de changer de forme à la volonté de l'animal.

Ce poisson parvient à une grosseur considérable, six ou huit pieds de long et quatre pouces de diamètre. Pendant leur jeunesse, on les appelle *pibales* dans quelques cantons de la France.

Comme l'anguille, avec laquelle elle a de grands rapports, la lamproie nage par ondulations latérales à la manière des serpents ; elle rampe aussi fort bien sur terre, où elle peut rester longtemps sans inconvénient, pourvu qu'il ne fasse pas trop chaud. Elle s'attache avec tant de force aux corps solides, par le moyen de sa bouche, qu'on a enlevé avec une lamproie de trois livres une pierre de douze livres contre laquelle elle était fixée.

La chair de la lamproie est très-délicate ; mais quand elle est trop grasse, elle est difficile à digérer. Lorsqu'elle sort de la mer, elle est plus tendre et plus savoureuse que lorsqu'elle a séjourné longtemps dans les rivières. On la mange ordinairement cuite dans l'eau et à la sauce blanche, ou, comme l'anguille, cuite sur le gril et à la sauce piquante. On en fait aussi d'excellents pâtés.

On prend la lamproie à la nasse ou dans les filets ; on la prend aussi à la main et à la fouane pendant la nuit, au moyen du feu.

Il est certaines rivières où elles sont si abondantes, qu'on ne peut les consommer fraîches. Dans ce cas, il est avantageux, à l'exemple des pêcheurs du nord de l'Allemagne, de les faire cuire sur le gril, et de les mettre dans des barils avec une saumure composée de vinaigre, de sel, de feuilles de laurier, de thym et de poivre : elles se conservent très-bien ainsi plusieurs mois.

Il y a une petite lamproie ou plutôt un lamproyon connu sous le nom de *chatillon* et de *sept-œils*, dans quelques cantons de

France. Sa longueur surpasse rarement six pouces. On en prend de grandes quantités avec des nasses serrées dans lesquelles on place des tripes de volaille. Il est très-bon en friture, et c'est un excellent appât pour la pêche du brochet, de la truite et autres poissons voraces, parce qu'il a la vie dure et se remue à l'hameçon.

LE BROCHET.

On trouve ce poisson dans presque toutes les eaux douces de l'Europe, du nord de l'Asie et de l'Amérique; il est célèbre à raison de sa voracité, de la rapidité de sa croissance et de la bonté de sa chair. Sa couleur est le plus communément noirâtre en dessus, blanche avec des points noirs en dessous, et grise avec des taches jaunes sur les côtés; mais elle varie selon les temps et les lieux. On en trouve quel-

quefois dont le fond est d'un jaune-orange,
taché de noir. On leur donne le nom de *rois
des brochets*, et ils sont beaucoup plus
estimés que les autres.

La première année, il parvient à la longueur de huit à dix pouces ; la seconde, à
celle de douze à quatorze ; la troisième , à
celle de dix-huit à vingt.

On en a vu de huit pieds. Ceux de quatre
à cinq ne sont pas rares dans les grands
lacs du nord de l'Europe, et les grandes
rivières du nord de l'Asie, telles que le
Volga.

En 1497, on en prit un dans le Palatinat
qui avait 19 pieds de long et qui pesait
150 livres. On l'a peint dans un tableau que
l'on conserve au château de Lauterne, et
l'on voit son squelette à Manheim. C'est
l'empereur Barberousse qui le fit mettre en
1230 dans cet étang, avec un anneau de
cuivre doré, qui pouvait s'élargir selon

le besoin. Ainsi il fut pêché 260 ans après.

Le brochet est très-commun dans toutes les rivières, les lacs et les étangs ; et partout il est regardé comme le tyran des eaux. Il mange non-seulement tous les poissons plus petits que lui, mais encore ceux qui sont presque aussi gros. Il avale aussi les grenouilles, les serpents, les rats, les jeunes canards, même les chiens et les chats qu'on noie à leur naissance. On a cependant remarqué que, malgré sa voracité, il sait fort bien distinguer les choses qui ne lui conviennent pas.

La multiplication des brochets serait immense, si le frai, c'est-à-dire les œufs et les brochetons, n'était la proie de plusieurs autres poissons et des oiseaux aquatiques. Pendant le printemps, les femelles qui sont dans les étangs ou dans les lacs, cherchent à remonter les rivières qui s'y jettent, et toutes s'approchent des bords pour déposer leurs œufs, souvent au nombre de 150,000, sur les pierres et sur les plantes assez peu couvertes d'eau pour recevoir les rayons du soleil. Alors elles sont si occupées de leur opération, qu'on peut les prendre avec la main.

On les pêche au filet, à la fouane et à la ligne. Les nuits claires sont très-favorables pour cela, parce que les brochets vont chercher leur proie pendant la nuit sur la surface de l'eau ou sur les bords. Les goujons sont pour eux un bon hameçon. Pendant les chaleurs de l'été, ils dorment à la surface de l'eau des journées entières, et on peut les tuer à coups de bâton. Leur chair est blanche et de facile digestion. Leur foie est très-bon, mais leurs œufs sont à rejeter.

II.

PETITS POISSONS DE RIVIÈRE.

De tout le menu fretin, le genre *cyprin*, qui est le plus connu, renferme plus de la moitié des poissons vivant exclusivement dans les eaux douces, et fournit le plus à la nourriture des peuples de l'intérieur des continents.

On y distingue le barbeau, la carpe, la tanche, que nous étudierons au chapitre suivant; le goujon et les autres petits poissons ci-après.

Le cyprin carassin se trouve dans les eaux stagnantes en Europe et en Asie. Ce poisson, qu'on appelle aussi *hamburge*, aime les petits lacs et les étangs dont le fond est marneux. Il se prend au filet et à l'hameçon. Sa nourriture est la même que celle des carpes ; il acquiert rarement une livre de poids ; sa chaire est blanche, tendre, peu garnie d'arêtes, et fournit un aliment sain aux malades. On peut le multiplier dans les petites mares en le nourrissant de pois, de fèves cuites, de fumier de brebis et des débris de la cuisine.

Le cyprin gibèle réussit dans toutes les eaux tranquilles, dans les mares, dans les eaux les plus bourbeuses, et prend difficilement un goût de marécage ; il vit comme le carassin.

Le cyprin doré ou dorade chinoise est brun dans sa jeunesse, d'un jaune aurore dans son moyen âge, et blanc dans sa vieil-

lesse. Il y a des siècles qu'il est nourri
dans les maisons et les jardins de la
Chine. Il a été apporté en Angleterre en
1611, et de là il s'est répandu dans toute
l'Europe.

On est frappé de l'éclat de cette espèce la
première fois qu'on la voit, surtout si elle
est dans une eau pure et éclairée par les
rayons du soleil. C'est un charbon ardent
qui se meut. Quand on garde les dorades
dans des verres ou autres vases, il faut les
nourrir avec des miettes de pain, des jaunes
d'œufs mis en poudre et de très-petits
morceaux de viande ; mais il faut avoir soin
de ne leur en donner que très-peu à la fois.
Elles aiment aussi les mouches et les petits
vers qu'on leur jette. En été, il faut les
changer d'eau tous les deux jours, et tous
les huit jours en hiver.

Dans les bassins, ces poissons n'ont pas
besoin d'autre nourriture que celle qu'ils y

trouvent naturellement; mais comme il est
agréable de les voir courir sur les bords,
on doit les y déterminer en leur jetant de la
mie de pain ou des restes de cuisine. La
purée de pois, de haricots et de lentilles,
leur plaît beaucoup. Pendant l'hiver, ils se
tiennent au fond de l'eau et ne mangent
point. Pendant l'été, lorsque le bassin
n'est pas ombragé, il faut y jeter quelque
branche d'arbre garnie de feuilles non odo-
rantes, ou même une mince planche, sous
laquelle ils puissent se mettre à l'abri
du soleil. Ils parviennent à plus d'un
pied de long; leur chair est agréable à
manger et s'accommode comme celle de la
carpe.

Le cyprin vairon se trouve dans les rivières et ruisseaux de l'Europe, surtout
dans les pays montagneux. Les eaux stagnantes et marécageuses lui sont mortelles.
Il est très-connu dans certains cantons du

milieu de la France. Sa longueur surpasse
rarement trois pouces; sa chair est très-
délicate, mais ne se mange guère qu'en friture. Il mord très-promptement à l'hameçon amorcé d'un ver, et sa pêche est une
des plus agréables. Il est très-agréablement
coloré de bleu, de vert, de jaune, de blanc
et même de rouge.

Le cyprin gardon est très-commun en
France, où il aime les eaux claires et les
fonds sablonneux. Il tient le milieu entre les
carpes et les brêmes, et a rarement un pied
de long.

Le cyprin nase sort en foule des grands
lacs de l'Europe pour aller déposer ses œufs
dans les rivières, sur les pierres exposées
au courant. On le prend dans les nasses, au
filet et à la ligne. Sa chair est molle, fade,
remplie d'arêtes.

Disons un mot maintenant sur les petits
poissons les plus connus.

LE GOUJON.

Il se distingue aux deux barbillons de son museau et aux taches dont son corps est parsemé. On le trouve dans les lacs et les rivières dont le fond est pur et sablonneux. Il abonde en France et en Allemagne, où il atteint quatre à cinq pouces. Sa chair est blanche, très-bonne et de facile digestion ; c'est pourquoi on la recherche sur les tables les plus délicates et on l'ordonne aux malades. On les prend au filet et à la ligne ; ils déposent leurs œufs au printemps contre les pierres et les plantes riveraines. En avril et mai, on peut en prendre beaucoup dans les petits ruisseaux, en pratiquant un petit barrage de pierres et en mettant au milieu une petite nasse, au-devant de laquelle on répand les plus petits cailloux, où ces poissons aiment à folâtrer dans le courant, qui devient plus violent par l'ouverture de l'engin, où ils ne manquent pas d'entrer en voulant remonter vers la source du ruisseau. Cette opération doit se faire le soir après le coucher du soleil, et à dix ou onze heures elle est terminée. Pendant ce temps, on peut remonter le ruisseau avec une chandelle et en prendre au moyen d'une fourchette.

L'ABLETTE.

Elle excède rarement six pouces de long ; ses écailles sont minces, peu adhérentes, argentées sur le ventre, et d'un bleu verdâtre foncé sur le dos. Sa chair est molle, peu savoureuse et par conséquent repoussée des tables délicates ; cependant elle est assez bonne en automne, époque où elle est le plus chargée de graisse. On la mange frite.

Si l'ablette est dédaignée sous un rapport par le luxe, elle en est très-recherchée sous un autre ; car c'est principalement avec la matière nacrée qui entoure la base de ses écailles, dite *essence d'Orient*, qu'on fabrique les fausses perles.

La pêche de l'ablette se fait toute l'année, soit à l'hameçon, soit au filet ; mais c'est principalement au printemps, lorsque les rivières débordent, qu'on en prend une grande quantité.

Ce poisson préfère toujours les endroits où le courant est le plus fort, où l'eau est le plus agitée. Au bas de la vanne d'une jetée qui barre la Saône à Auxonne, on en a pris jusqu'à deux tonneaux par jour.

Dans la Seine, où les ablettes sont moins abondantes, et où elles ont une plus grande valeur, les pêcheurs forment, par le moyen de pieux enfoncés dans la boue et liés entre eux par des traverses, une agitation d'eau artificielle, et attachent de plus à un des piquets un panier où sont enfermées des tripes et autres matières animales ; ces poissons s'y rassemblent en grand nombre, et on les prend à l'épervier ou au filet.

Lorsqu'elle est petite, elle sert de nourriture aux poissons voraces et aux oiseaux d'eau. C'est un des meilleurs appâts pour prendre à la ligne les brochets et autres poissons.

LA BRÊME.

Les brêmes, qui parviennent rarement à plus d'un pied de long, aiment les eaux stagnantes et boueuses, et arrivent au poids de plusieurs livres. La tête de ce poisson tire sur le bleu, son dos sur le noir, et son ventre sur le blanc ; on remarque en outre une tache noire en croissant au-dessus des yeux.

Les brêmes se tiennent ordinairement au

fond de l'eau; mais au printemps, elles s'approchent des rivages unis et garnis de plantes, où les femelles déposent leurs œufs; elles recherchent alors les eaux courantes et remontent les rivières.

On en prend quelquefois des milliers dans les lacs de la Prusse. On cite un coup de filet, dans un lac de la Suède, qui en rapporta cinquante mille, pesant dix-huit mille livres.

En France, les brêmes ne sont pas aussi abondantes; mais il est cependant quelques étangs où elles fourmillent. On peut en peupler un étang en empilant dans un seau, avec un peu d'eau, les herbes sur lesquelles elles ont déposé leurs œufs.

Les oiseaux aquatiques sont leurs ennemis acharnés. On rapporte que les grèbes et les plongeons se réunissent dix à douze ensemble, chassent en plongeant les jeunes brêmes vers le bord, où ils les acculent et les mangent.

Ces poissons se prennent avec les engins ordinaires et avec la ligne amorcée de vers de terre. Mais c'est pendant l'hiver qu'on les prend en abondance, parce qu'elles viennent respirer l'air au trou qu'on a fait dans la glace.

LA LOCHE.

On la trouve dans toutes les eaux douces qui ont un fond vaseux. La loche d'étang devient fort grosse ; elle a de grands rapports de forme et de mœurs avec l'anguille. On la prend au filet et à la nasse ; mais elle sent presque toujours la boue.

La loche de rivière atteint rarement cinq pouces ; sa chaire est fort dure et de mauvais goût. Mais la *loche franche*, qui atteint à peine trois pouces, a une chair délicate et fort recherchée des gourmets, surtout au printemps et en automne. C'est pourquoi on la prend à la nasse ou au filet. Pour en former des viviers, on fait une fosse de quelques pieds, au milieu d'un ruisseau d'eau vive, à fond caillouteux, et on la garnit de planches percées ou de claies, sur lesquelles on met du fumier de mouton. Là, elles se multiplient très-rapidement. Ces poissons sont communs dans toutes les rivières et les ruisseaux de l'intérieur de la France, où ils sont connus sous le nom de *moutelle* et de *barbotte*.

L'ÉPINOCHE.

Ce poisson, qui atteint rarement trois pouces, se trouve dans les eaux vives comme dans les eaux stagnantes. Son corps est presque quadrangulaire, verdâtre en dessus, blanc et quelquefois rougeâtre en dessous.

Quoique petit, il est rarement attaqué par les poissons voraces, à cause de ses épines du dos qu'il redresse dans le danger; mais les oiseaux d'eau à bec pointu le déchirent, avant de le manger.

En France, on n'en fait d'autre usage que de les donner aux volailles, surtout aux dindons, qui les aiment beaucoup; mais en Angleterre et dans le nord de l'Europe, où ce poisson abonde, on s'en sert pour faire de l'huile ou pour fumer les terres; ces deux emplois sont également productifs, et on doit désirer de les voir adopter chez nous.

LE CHABOT.

Il est fort commun dans la Seine. Beaucoup de gens répugnent à manger ce poisson, à cause de sa viscosité et de la conformité de sa tête avec celle du crapaud. Sa chair est délicate, mais il ne mérite pas les frais d'une pêche particulière.

III.

POISSONS D'ÉTANG.

Outre les petits poissons que nous venons d'étudier, les rivières et les étangs sont peuplés de truites, de carpes, d'éperlans, de tanches, de barbeaux et de perches, dont il nous faut considérer les mœurs et les habitudes, soit pour les pêcher, soit pour les conserver, si on veut les multiplier chez soi.

LA TRUITE.

Le corps de la truite est ordinairement long d'un pied et pèse une demi-livre. On en trouve cependant dans les lacs et les étangs qni pèsent jusqu'à trois livres.

C'est dans les eaux limpides et froides, dans les ruisseaux et les lacs des montagnes, que se plaisent le mieux les truites. En automne, elles s'approchent du rivage, se fourrent entre des racines d'arbres ou entre les grosses pierres, et se laissent fort aisément prendre à la main.

Comme la truite est le meilleur poisson de nos rivières, elle se tient toujours à des prix fort élevés. C'est pourquoi on a voulu les multiplier dans les étangs; mais ces entreprises n'ont réussi qu'autant que l'étang avait un fond de sable et était alimenté par des sources voisines assez abon-

dantes pour permettre un courant continuel,
et que ses bords étaient entourés de grands
arbres propres à procurer de la fraîcheur à
l'eau pendant l'été.

La truite vit de petits poissons, de coquillages, de crustacés, de vers et d'insectes ; dans l'étang, il lui faut, surtout
pendant l'hiver, un supplément de débris
animaux, parce que ce poisson ne vit point
de végétaux.

On trouve fréquemment des truites dans
les ruisseaux où il n'y a que quelques
pouces d'eau pendant l'été. Elles nagent
avec une si grande rapidité, que, lorsqu'elles sont surprises, l'œil ne peut les
suivre dans leur fuite. Elles sautent, comme
les saumons, à cinq ou six pieds de haut
pour franchir les obstacles qui s'opposent à
leur passage.

On prend ordinairement la truite à la
ligne et par toutes sortes de filets.

On les attire dans la nasse au moyen d'un mélange de castoréum, de camphre et d'huile de lin, fait par le moyen du feu, et enfermé dans un sachet de toile.

On met pour amorce à la ligne un morceau de chair d'écrevisse, un petit poisson, un gros ver de terre, une larve de hanneton ou autre insecte.

Les Anglais, qui aiment beaucoup la pêche à la ligne, ayant remarqué que les truites sautent souvent hors de l'eau pour prendre les insectes au vol, forment des figures d'insectes avec des étoffes colorées et de la soie ou du crin, et, après les avoir attachées à l'hameçon, les promènent sur l'eau. Le poisson vient s'y prendre, et le même appât peut servir fort longtemps; mais on le change tous les mois pour imiter autant que possible la nature, qui amène chaque mois de nouvelles espèces d'insectes.

La chair de truite est blanche, tendre,
d'un bon goût, et sans arêtes. Pendant
l'été, elle est meilleure, parce qu'elle est
plus grasse. On la sert comme le brochet,
c'est-à-dire à sec, comme un plat de rôt.

La truite saumonée, lorsqu'elle est cuite,
a la chair rougeâtre comme celle du saumon, avec lequel on la trouve une partie de
l'année dans les fleuves et l'autre partie
dans la mer.

LA CARPE.

La carpe est, de tous les poissons, celui
qui se prête le plus facilement à tous les
changements de situation, dont la multiplication est la plus rapide et la croissance la
plus accélérée, qualités qui ont permis de
la rendre pour ainsi dire domestique, et
qui ont dû lui faire donner la préférence sur
ceux mêmes qui ont la chair plus délicate,

C'est dans les eaux qui coulent lentement que les carpes se plaisent le plus, et que leur chair acquiert toute la finesse du goût qui lui est propre. C'est encore dans de telles eaux, lorsqu'elles y trouvent une nourriture abondante, qu'elles parviennent à la grandeur la plus considérable. En France, il n'est pas rare d'en voir de 12 à 15 livres ; mais il paraît que c'est dans l'Allemagne que se pêchent les plus monstrueuses.

La nourriture des carpes se fonde sur les larves d'insectes, les vers, les petits coquillages, le frai de poisson, les graines et les jeunes pousses des plantes. Elles recherchent aussi les insectes parfaits, car on les voit souvent sauter hors de l'eau pour prendre ceux qui en rasent la surface ; et les meilleurs appâts qu'on puisse employer pour les prendre à la ligne, sont des grillons.

Comme la carpe mange avec gloutonnerie, il est bon de lui ménager la nourriture dans les viviers. On leur donne les restes de la table, les relavures des cuisines, les épluchures de salade, de pommes de terre, de l'orge cuit, des fruits pourris, etc.

Dans les étangs d'une certaine grandeur, il faut joindre à ces objets d'autres articles de nourriture, dont le principal peut être tiré d'une fosse creusée sur le bord même de l'étang, fosse dans laquelle on aurait entassé du fumier, surtout de celui de brebis, mêlé avec quelques lambeaux de matières animales. Cette composition donne lieu à la naissance d'une prodigieuse quantité de larves de mouches, larves qui sont extrêmement du goût des poissons, et qu'on jette à pelletées dans l'eau.

Pendant l'hiver, les carpes s'enfoncent dans la boue, et passent plusieurs mois sans manger, réunies en grand nombre les unes à côté des autres. Elles sont d'une telle fécondité, qu'on en a vu qui avaient jusqu'à 400,000 œufs. Les petits qui arrivent à bien sont, les premières années de leur vie, exposés à de nombreux dangers, de sorte que fort peu atteignent l'âge de trois ans, époque où ils commencent à n'avoir plus à craindre que les gros brochets et les loutres.

Mais dans les étangs où elles sont seules, elles se propageraient en tel nombre, qu'elles ne trouveraient plus assez de nourriture. Dans ce cas, on y introduit des brochets, des truites et des perches pour diminuer leur nombre.

Les carpes qui habitent les rivières cherchent à entrer dans les étangs qui y communiquent pour y déposer leurs œufs. Lorsqu'en voulant exécuter ce que leur instinct leur indique, elles trouvent un obstacle, elles sautent par-dessus. Pour cela, elles se mettent sur le côté, courbent la tête et la queue au même instant, de manière que leur corps forme un cercle presque parfait; ensuite, s'étendant avec une prodigieuse vivacité, elles frappent l'eau du milieu de leur corps. Cette manière de sauter est différente de celle des saumons, qui dans le même cas sautent par élancement, et la tête en avant.

Dans les lacs et les rivières, on pêche les carpes par les filets, à la nasse ou à la ligne, amorcée d'un gros ver, de quelque insecte ou d'un pois cuit.

Toutes les carpes prises dans un étang vaseux doivent être mises, pendant quelque temps, dans une eau pure ou courante, pour leur faire perdre le goût de marais.

La chair de la carpe est un bon aliment, de facile digestion, mais qu'on permet rarement aux convalescents.

On la fait frire en général; mais la meilleure manière de la manger est celle con-

nue sous le nom de *matelotte* ou de *meu-
rette*.

L'ÉPERLAN.

Il appartient au genre saumon et vit dans
les lacs à fond sablonneux.

Son corps ressemble un peu à un fuseau,
c'est-à-dire qu'il finit en pointe des deux
côtés. Il vit de vers et de petits coquillages,
et atteint rarement plus de six pouces de
long.

On le pêche avec des filets à mailles très-
étroites et on en prend assez abondamment
à l'embouchure de la Seine ; mais en Angleterre et en Allemagne on l'apporte par
tonneaux dans le marché, au commencement du printemps, époque où il quitte les
profondeurs des lacs et où il remonte les
rivières. Sa chair est délicate et d'un goût
agréable.

On le sale comme la sardine, pour l'envoyer au loin.

LA TANCHE.

C'est un petit poisson qui habite les eaux douces et qu'on pêche presque dans toutes les rivières et les étangs de France. Sa couleur varie selon le plus ou moins de pureté des eaux où elle vit. Elle est presque toute noire dans les marais fangeux, et d'un jaune doré très-éclatant dans les rivières dont le fond est sablonneux et le cours rapide. En général, elle est d'un vert foncé sur le dos, jaunâtre sur les côtés et blanchâtre sous le ventre.

La plupart des tanches que l'on pêche en France sont généralement de moins d'un pied ; mais on en prend quelquefois qui pèsent plusieurs livres.

C'est sur les plantes aquatiques, dans les

lieux exposés au soleil, qu'elles déposent leurs œufs. Elles vivent d'insectes, de vers, de graines de plantes, de fragments de feuilles ; elles sautent hors de l'eau pour prendre les insectes au vol.

On multiplie très-aisément la tanche dans les étangs ; mais les carpes sont préférables, lorsque les eaux le comportent. On réservera donc les tanches pour les mares, les fossés des marais et autres réservoirs dont le fond est boueux et dont l'eau ne se renouvelle pas.

On prend les tanches au filet et à l'hameçon amorcé de vers ou d'insectes. On les prend encore plus facilement en desséchant les étangs, ou lorsque la chaleur de l'été a fait évaporer les eaux.

La chair de la tanche est blanche, mais pleine d'arêtes et difficile à digérer. Pour la rendre meilleure, on laisse quelque temps les tanches dans une eau limpide. On les fait cuire sur le gril ; mais on les mange aussi dans les matelottes, en ayant soin de n'en mettre aucune de mauvaise nature ; car elle gâterait le plat tout entier.

LE BARBEAU.

Il a le corps allongé et arrondi comme le brochet, olivâtre en dessus, bleuâtre sur les côtés et blanchâtre en dessous. Selon les cantons, il est appelé barbot, barbiau, barblau et barbet.

Ce poisson parvient communément à un pied et demi de long ; mais on en trouve de plus longs et qui pèsent de six à huit livres. Il se plaît dans les rivières dont le cours est rapide et le fond rocailleux, et, comme la carpe, il peut vivre un grand nombre d'années.

Les barbeaux d'étang ont la chair molle, mais ceux de rivière l'ont ferme, blanche, délicate et de bon goût.

Pour les pêcher, on indique un appât propre à les attirer, consistant dans un mélange de vieux fromage de gruyère, de jaunes d'œufs et d'un peu de camphre mis dans un petit sachet de toile, et placé dans l'eau à l'endroit où sont posées des lignes amorcées de vers de terre, de sangsues ou de petits poissons. Il mord avec fureur sur les appâts faits avec des insectes vivants, tels que les grillons et les sauterelles.

LA PERCHE.

La perche fluviatile aime les eaux douces, vives et tranquilles. Elle parvient à deux pieds de long et peut peser trois à quatre livres. Une couleur d'or, interrompue par des bandes noires, brille sur son corps, et est relevée par le beau rouge de ses nageoires. Dans les eaux bourbeuses, elle devient d'un gris légèrement jaune.

Elles remontent les rivières en se tenant assez près de la surface de l'eau, pour saisir au vol les insectes qui se tiennent à leur portée. Elles sont si voraces, qu'elles se jettent sur les hameçons seulement garnis de plumes. Les perches n'ont d'autre moyen d'échapper à leurs ennemis que celui qu'emploient les épinoches à leur égard, c'est-à-dire que les rayons épineux de leur dos empêchent les brochets et autres poissons voraces de vivre à leurs dépens.

La chair de ce poisson est blanche, ferme et d'un goût exquis, surtout lorsqu'il a vécu dans une eau pure comme celle de la Moselle, du Rhin, et surtout des lacs de la Suisse.

On le prend avec des filets et à l'hameçon, que l'on garnit d'un très-petit poisson, d'un lombric ou d'une patte d'écrevisse. On saisit la perche fort aisément à la main, sur le bord des trous qu'on fait à la glace des étangs où elle est abondante.

Cette abondance est quelquefois un grand mal pour les étangs, parce qu'elle s'oppose à la multiplication des carpes, des truites et des tanches. Aussi on ne met que très-peu de ces dernières dans les étangs où l'on veut nourrir des perches.

L'ÉCREVISSE.

La couleur des écrevisses est d'un brun verdâtre dans celles des rivières, et d'un brun rougeâtre, tacheté de bleu ou d'autre couleur, dans celles de mer ; mais quelle que soit leur couleur pendant la vie, elle devient toujours d'un rouge foncé par la cuisson ou l'action des acides.

Les écrevisses des rivières se plaisent principalement dans les eaux courantes et pierreuses des montagnes. On les trouve aussi dans les lacs et les étangs ; mais là leur chair n'est pas bonne, à moins que ces amas d'eau ne soient alimentés par des sources voisines.

Elles se cachent pendant le jour dans des trous qu'elles se creusent, ou sous des pierres et des racines d'arbres. Les petits poissons, les petits coquillages, les larves d'insectes, et tout ce qui se noie dans les eaux, forment la base de leur subsistance pendant l'été. Elles restent l'hiver entier sans manger.

La pêche des écrevisses de rivière se fait de plusieurs façons. La plus usitée consiste à les prendre, pendant le jour, à la main, dans les trous et sous les pierres où elles se retirent ; ou pendant la nuit, avec des flambeaux, lorsqu'elles cherchent leur nourriture.

La manière la plus agréable et qui fournit de plus belles pièces, est celle dans laquelle on emploie des appâts. On attache un filet au pourtour d'un cercle de fer, ou de toute autre matière pesante, et on fixe au milieu de ce filet un morceau de viande quelconque ; le cercle est attaché à un long bâton, par le moyen de trois ficelles. On le met dans l'eau, et les écrevisses se jettent sur la viande, surtout si elle commence à sentir. Alors on lève le bâton, on retire le filet, et on choisit les plus grosses.

Cette pêche produit d'excellents résultats, et on peut la modifier en plaçant la viande au centre d'un fagot d'épines. Les écrevisses, en voulant l'atteindre, s'embarrassent dans les branches ; et en retirant le fagot, on en trouve par douzaines.

Tous nos élèves en vacances peuvent employer avec toute confiance les moyens que nous indiquons pour la pêche en eau douce. Ils sont le résultat d'une longue expérience, toujours couronnée de succès.

FIN.

TABLE.

—

PAGES

I. — GRANDS POISSONS DES FLEUVES : Saumon,
Alose, Esturgéon, Anguille, Lamproie,
Brochet. 7

II. — PETITS POISSONS DE RIVIÈRE : Goujon,
Ablette, Brême, Loche, Épinoche et Chabot. 33

III. — POISSONS D'ÉTANG : Truite, Carpe,
Éperlan, Tanche, Barbeau, Perche, Écrevisse. 46

Rouen. Imp. MÉGARD et C*, rue Saint-Hilaire, 136.

www.ingramcontent.com/pod-product-compliance
Lightning Source LLC
Chambersburg PA
CBHW070805210326
41520CB00011B/1844